U0323306

今天也带一瓶沙拉

〔日〕若山曜子 著　小司 译

南海出版公司

什么是瓶子沙拉？
就是可以先做好、
放入玻璃瓶中保持新鲜的沙拉。

把各种蔬菜放入玻璃瓶中，可以保持新鲜，
食材种类不同，保存时间也有差异，有的甚至能在冰箱里放一周。
这种沙拉在纽约非常流行。
周末空闲时不妨多做几份瓶子沙拉放在冰箱里，
可以当作工作日的健康午餐。

没错！沙拉也能提前做好保存起来。
特别是叶类蔬菜，比起保鲜袋，
玻璃瓶能更好地保持它们新鲜脆嫩的口感，吃起来就像刚做好的。

这就是沙拉的逆袭！

装在玻璃瓶里，便于携带，看起来又可爱，
无论在哪儿都能让你轻松享用到新鲜美味的沙拉，还能带到聚会上与朋友们分享。

本书中的沙拉是用美国 Ball 公司生产的梅森瓶做的。
其实只要是能密封的玻璃瓶都可以，
只需掌握几个小窍门，做出美味的沙拉并不难。

还等什么，让我们开启健康新生活吧！

●给玻璃瓶消毒
全新的玻璃瓶使用前请务必消毒。

【煮沸消毒】
在一口大锅底部铺上干净棉布，摆好玻璃瓶，向锅里倒入没过瓶口的水，开火煮沸后调至中火，继续煮 10 分钟。
取出玻璃瓶，倒扣在干净的棉布上，自然晾干。
盖子和橡胶密封圈放入沸水中煮 20 秒左右即可（如果用洗碗机消毒，请选择高温清洗模式）。
【酒精消毒】
如果没有足够大的锅，可以用厨房纸蘸取食用酒精或酒精浓度高于 35% 的白酒，把玻璃瓶里外擦拭干净，自然晾干。

新经典文化股份有限公司
www.readinglife.com
出　品

Ball
Crafted for quality—
sealed for freshness™
Made in USA
WECK
Rundrand-Glas 100
Kerr
SELF SEALING
MASON

瓶子沙拉，动手做起来！

尼斯沙拉

这道沙拉加入了法国南部特色食材
——黑橄榄和凤尾鱼。
巴黎当地咖啡馆中的尼斯沙拉还会加些煮土豆和四季豆，
大家可以根据个人口味尝试各种搭配。

Recipe

容量 480 毫升　可冷藏保存 3 ～ 4 天

金枪鱼（罐头）…30 克

⇒也可用自制金枪鱼罐头（第 42 页）。

黑橄榄…2 ～ 3 粒

樱桃番茄…4 ～ 5 个

水煮蛋…1 个

黄瓜…1/2 根（50 克）

蔬菜嫩叶…30 ～ 40 克

【调味汁】

A
- 橄榄油…2 大勺
- 白葡萄酒醋…1 大勺
- 盐、黑胡椒…少许
- 凤尾鱼（切丁）…2 ～ 3 条
- 蒜泥（根据口味添加）…少许

1. 将 A 混合均匀，倒入玻璃瓶中。

2. 放入金枪鱼。

3. 黑橄榄对半切开，放入瓶中。

4. 樱桃番茄对半切开，放入瓶中。

5. 将水煮蛋切成 8 块，放入瓶中。

6. 黄瓜切成 1 厘米见方的小块，放入瓶中。

7. 蔬菜嫩叶放在最上层，一定要塞满瓶口。

8. 盖紧盖子，放入冰箱冷藏，如果想直接在瓶子里食用，开盖前需轻轻摇几下。

盛盘

9. 如需盛盘，可以先在盘中摆一圈蔬菜嫩叶做装饰，再将沙拉倒在中央。

Contents

Morning Salad
早餐沙拉

Lunch Salad
午餐沙拉

Dinner Salad
晚餐沙拉

Otsumami Salad
下酒菜沙拉

Party Salad
派对沙拉

关于本书

- 1 大勺 = 15 毫升
  1 小勺 = 5 毫升
- 本书使用的玻璃瓶是美国 Ball 公司生产的梅森瓶，有 3 种规格：245 毫升、480 毫升、940 毫升。
- 不同品牌的盐咸度和风味多少会有差别，请酌情调整用量。

Column 做出美味沙拉的小窍门 Q & A

Q1 食材的盛装顺序有什么规律？

A⇒从下至上依次为：①调味汁；②不会被调味汁泡变形的根茎类或豆类蔬菜、质地较硬的食材或海鲜等；③番茄、牛油果等质地较软的食材；④叶类蔬菜或香草等。这是基本顺序，可参考图ⓐ。

Q2 怎样调整食材用量？

A⇒如果你用的玻璃瓶与本书中的不一样，只需调整最上层的叶类蔬菜或香草的用量即可。

Q3 携带时有什么注意事项？

A⇒最上层的叶类蔬菜一定要塞得满一些，如果瓶中的空隙太大，携带时底部的调味汁会浸到上层食材，使叶类蔬菜变蔫。

Q4 沙拉持久保鲜的秘诀是什么？

A⇒蔬菜暴露在空气中会慢慢被氧化，所以一定要将瓶子塞满，尽量不留空隙。此外，洗好的蔬菜一定要用厨房纸吸干水分。

Q5 怎样搭配食材？

A⇒口感相似的食材可以相互替代。比如，玉米粒可以换成毛豆、黄瓜丁或胡萝卜丁等。

Q6 如果顶层的蔬菜蔫了怎么办？

A⇒可以取出来放到冷水中浸泡一下，口感就会恢复脆嫩，注意一定要将多余水分沥干。虽然有点儿麻烦，但这样可以让沙拉更美味。

Q7 怎样才能把沙拉做得更好看？

A⇒可以把食材简单分层叠放，也可以尝试如图ⓑ所示贴着瓶子的内壁做出造型。

Q8 应该选择什么样的瓶子呢？

A⇒没什么特殊要求，但一定要选择能密封的玻璃瓶，带有橡胶密封圈的更佳（如图ⓒ）。

Q9 怎样食用？

A⇒如果想直接用瓶子吃，需要先摇一摇瓶子，让调味汁融入每一层食材，或者将顶层的蔬菜先吃掉一部分，再轻轻摇晃瓶子。另外，也可以倒入盘中再享用（第5页）。

Q10 为什么一定要用玻璃瓶呢？

A⇒与塑料材质的瓶子相比，玻璃瓶不易被染色，洗净后不会残留味道，还能煮沸杀菌。更重要的是，它的保鲜效果更好。

Morning Salad

早餐沙拉

早上，常常想吃些清爽不油腻的沙拉，
既不会给肠胃增加负担，
又能提供人体所需的各种维生素。
下面要为大家介绍的几道沙拉，
不仅赏心悦目而且十分美味，
就用它们来开启美好的一天吧！

巴黎少女沙拉

这是一道法国咖啡馆中必备的经典沙拉，
里面有小块的乳酪和火腿，营养满分！
酸奶调味酱可以换成法式油醋汁（第 24 页），同样美味。

Recipe

容量 480 毫升　可冷藏保存 3 ~ 4 天

土豆…约 1/2 个（80 克）

乳酪…30 克

⇒请选择埃曼塔尔（Emmental）或孔泰（Comté）等硬质乳酪。

火腿（切厚片）…50 克

黄瓜…1/2 根（50 克）

喜爱的蔬菜和香草…30 ~ 40 克

⇒我用的是蔬菜嫩叶与细叶芹[①]。

【酸奶调味酱】

A
- 酸奶…3 大勺
- 橄榄油…1½ 大勺
- 白葡萄酒醋…1/2 大勺
- 莳萝（切碎）…1 小勺
- 盐…1/4 小勺
- 黑胡椒…少许

1 用保鲜膜将土豆包好，放入微波炉中加热大约 2 分钟，用竹签可以轻松扎透即可。取出土豆削皮并切成小块。

2 把乳酪、火腿、黄瓜全部切成 1 厘米见方的小块。

3 将 A 倒入玻璃瓶中混合均匀，再放入晾凉的土豆，拌匀。

4 依次加入乳酪、火腿、黄瓜，最后把蔬菜嫩叶和香草简单切成小段，塞在玻璃瓶最上层，盖紧盖子后冷藏保存。

Memo

- 最上层的蔬菜嫩叶可以选择荷兰芹等香草，也可以选择紫色的蔬菜，这样颜色更丰富，更能激发食欲。
- 另外，还可以加些切块的水煮蛋或番茄。

①一种料理香草，常用来为沙拉、鱼肉、汤类调味，可以促进食欲，帮助消化。

日式浅渍 白菜茗荷沙拉

这是享用味噌汤与饭团时必不可少的一道配菜。
茗荷[①]要先用醋浸泡一下，
这样会呈现出美丽的颜色。

Recipe

容量 480 毫升 可冷藏保存 7 天

茗荷…2 个
白菜…1/8 个（300 克）
海带…1 片（3 厘米长）
米醋…1 大勺
砂糖…1/2 大勺
盐…适量

1. 将茗荷纵向切成 4 瓣，放在热水中快速焯一下，捞出后控干。
2. 把米醋、砂糖、少许盐和茗荷一起放入玻璃瓶中，混合均匀。
3. 白菜切成粗条，撒上 3/4 小勺盐轻轻揉搓，静置片刻，控干水分，放入切块的海带拌匀后装入玻璃瓶，盖紧盖子。

Memo

- 可根据个人口味加些紫苏、柚子皮、生姜丝等增添风味。把白菜换成茄子也同样美味。

①气味芳香，口感微甜，既可凉拌或炒食，也可酱腌或盐渍，富含蛋白质、脂肪、纤维及多种维生素。

越南风味　醋渍双色萝卜丝沙拉

这是一道清爽无油的沙拉，加入了酸味果汁和醋，因此能够长时间保持新鲜。
它可以与奶油乳酪、火腿或香肠一起夹在法式面包里，
就做成了越南风味三明治。

Recipe

容量 245 毫升　可冷藏保存 10 天左右

白萝卜…200 克
胡萝卜…1 根（100 克）
盐…少许

A
- 鱼露…2 小勺
- 酸橘汁…2 小勺
  ⇒可用青柠汁或柠檬汁代替。
- 米醋…2 小勺
- 砂糖…2 小勺

1 把白萝卜和胡萝卜用削皮器削成薄片再切成细丝，撒少许盐腌渍一下，然后控干。

2 将 A 倒入萝卜丝中拌匀，盛入玻璃瓶里，盖紧盖子。

【越南风味三明治】
在喜欢的面包上涂抹一层奶油乳酪，再夹入香肠片、醋渍双色萝卜丝沙拉和香菜，就大功告成了。

Memo
- 只用白萝卜丝或胡萝卜丝做这道沙拉，也很美味。
- 建议选择法式面包或法棍。

和风卷心菜小银鱼沙拉
（左）

小银鱼搭配绿紫苏叶十分爽口，有浓浓的日式风味。
磨好的芝麻碎能吸收蔬菜中的水分，
同时也让口感更加丰富。

Recipe

容量 245 毫升　可冷藏保存 5 天左右

卷心菜…1/8 个（150 克）
绿紫苏叶（切丝）…2 片
小银鱼…2 大勺
白芝麻碎…1 大勺
盐…少许

【洋葱油醋汁】

A
- 洋葱（擦泥）…20 克
- 色拉油…2 大勺
  ⇒可用芝麻油代替。
- 醋…1 大勺
- 盐…1/4 小勺

1. 卷心菜切成丝，撒少许盐轻揉几下，静置片刻，沥干水分。
2. 将 A、小银鱼、白芝麻碎、绿紫苏叶和卷心菜丝混合拌匀，装入瓶中，盖紧盖子。

Memo

- 洋葱油醋汁可用 3 大勺洋葱调味汁（第 24 页）代替。

紫甘蓝胡萝卜丝沙拉
（右）

口味微甜，适合搭配面包。
加入生火腿，平添了些许西式风味。

Recipe

容量 245 毫升　可冷藏保存 5 天左右

紫甘蓝…约 1/6 个（120 克）
胡萝卜…约 1/3 根（30 克）
生火腿片…20 克

A
- 橄榄油…1½ 大勺
- 白葡萄酒醋…1½ 小勺
- 芥末…1 小勺
- 葡萄干…1½ 大勺
- 盐…1/4 小勺
  ⇒生火腿本身有咸味，盐的用量可以酌情减少一些。

1. 紫甘蓝切丝，放入加了少许醋的热水中焯一下，捞出后沥干。
2. 胡萝卜切丝。
3. 把 A 和所有蔬菜丝一起倒入玻璃瓶中拌匀，将生火腿片放在顶层，盖紧盖子。

Memo

- 紫甘蓝用加了醋的热水焯一下，不仅能去除自身的苦味，颜色也会更加明亮有光泽。
- 即使不加生火腿片，这道沙拉也很美味，但要多放一点儿盐。
- 这道沙拉非常适合用来做三明治。

紫苏乳酪番茄沙拉

马苏里拉乳酪加盐麹[①]调味，
平添了些许醇厚的日式风味，
加上绿紫苏，口中充满清爽余香。

罗勒乳酪番茄沙拉

一道人气很旺的乳酪番茄沙拉，
装在玻璃瓶中食用，感觉很特别，
非常适合当作早餐享用。

①一种用米麴和盐做成的天然调味料，咸中带甜，还有曲菌发酵后产生的特殊风味，能够完美衬托出食材的鲜香，富含维生素、矿物质、有机酸等营养物质。

Recipe

容量 245 毫升　可冷藏保存 2 天左右

紫苏乳酪番茄沙拉

番茄…1 个（200 克）
马苏里拉乳酪…1 块
盐麹…2 大勺
橄榄油…2 大勺
绿紫苏叶…3 片

1 将番茄和马苏里拉乳酪都切成 1.5 厘米厚的片，在乳酪片表面抹上盐麹。
2 在玻璃瓶中依次放入 1 片乳酪、1 片番茄和 1 片绿紫苏叶，倒入 1/3 的橄榄油。依次将余下的食材放入瓶中，盖紧盖了。

罗勒乳酪番茄沙拉

番茄…1 个（200 克）
马苏里拉乳酪…1 块
A ┌ 橄榄油…2 大勺
　 └ 盐…1/4 小勺
罗勒叶…3 片（如果叶子较小，需准备 6 片）

1 将番茄和马苏里拉乳酪都切 1.5 厘米厚的片。
2 将 A 混合均匀，先向玻璃瓶中倒入 1/3，然后依次将 1 片番茄、1 片乳酪和 1 片罗勒叶（如果叶子较小，需放两片）叠放在瓶中。依次将余下的食材放入瓶中，倒入剩余的 A，盖紧盖子。

彩虹蜂蜜沙拉

这道沙拉加入了丰富的水果，色彩缤纷，还未享用就让人感觉能量满满。
水果可以根据个人喜好随意选择，
最好搭配一种柑橘类水果，这样果味更浓郁。

Recipe

容量 480 毫升　可冷藏保存 3 天左右

喜欢的水果…400 克

⇒我用的是哈密瓜、红葡萄柚、芒果
猕猴桃、巨峰葡萄、橙子、麝香葡萄。

砂糖…1 大勺

柠檬汁…2 大勺

蜂蜜…2 ~ 3 大勺

1. 把葡萄放入热水中烫 15 秒左右，再放入冷水中浸泡、去皮。其余水果切成小块。
2. 将水果一层层叠放在玻璃瓶中，缝隙间撒上砂糖。顶层淋上柠檬汁和蜂蜜，盖紧盖子后轻轻摇一摇，使之均匀渗入水果中。

菠萝罗勒沙拉

这是一道用青柠檬、罗勒、薄荷叶做的清爽沙拉，
非常适合当作早餐，
罗勒的特殊香气能够更好地突显出菠萝的甜味。

Recipe

容量 245 毫升（2 瓶） 可冷藏保存 3 天左右

菠萝…1/2 个（300 克）
砂糖…1 ～ 1½ 大勺
罗勒（切末）…1 大勺
薄荷叶（切末）…1 小勺
青柠檬汁…1 个青柠
青柠檬皮碎…1/4 个青柠
粉红胡椒①（根据口味添加）…5 ～ 6 粒

1 菠萝切成小块。
2 将所有食材混合在一起，装入玻璃瓶中，盖紧盖子。

Memo

• 做这道沙拉时，可以把菠萝换成橙子。
只用罗勒或薄荷叶调味也可以。

①产自秘鲁胡椒树或巴西胡椒树，有着神秘的甜味和令人着迷的粉红色，常与普通胡椒混合使用。

Column 可以提前做好的方便酱汁

玻璃瓶可以锁住蔬菜的新鲜口感，保持沙拉的美味，
我们也可以用它来存放调味酱汁，
这样能够大大简化沙拉的制作步骤，节约时间。

洋葱调味汁

Recipe

洋葱…约 1/2 个（120 克）

米醋…50 毫升

盐…1 小勺　黑胡椒…少许

芝麻油…100 毫升

[做法] 将所有食材倒入料理机中搅打均匀，然后装入玻璃瓶中盖紧盖子。

☆最佳搭配

- 巴黎少女沙拉（第 11 页）
- 紫甘蓝胡萝卜丝沙拉（第 17 页）
- 糙米金枪鱼玉米沙拉（第 27 页）
- 胡萝卜丝鹰嘴豆古斯米沙拉（第 33 页）
- 泰式土豆沙拉（第 39 页）

梅子调味汁

Recipe

梅肉…1½ 大勺

橙醋[①]…20 毫升

砂糖、米醋…各 1 大勺

芝麻油（或橄榄油）…100 毫升

[做法] 将所有食材倒入玻璃瓶中，盖紧盖子，摇匀即可。

☆最佳搭配

- 糙米金枪鱼玉米沙拉（第 27 页）
- 泰式土豆沙拉（第 39 页）
- 梅子风味　扇贝芦笋沙拉（第 48 页）
- 韩式辣酱风味　水煮肉片 & 炸豆腐沙拉（第 49 页）
- 山葵鲑鱼通心粉沙拉（第 53 页）

韩国辣酱调味汁

Recipe

韩国辣酱、酱油…各 1 大勺

味噌、米醋…各 2 大勺

芝麻油…90 毫升

砂糖…1/2 ~ 1 小勺

蒜泥…1 小勺

[做法] 将所有食材倒入玻璃瓶中混合均匀，盖紧盖子。

☆最佳搭配

- 芝麻蛋黄酱拌牛蒡红薯沙拉（第 31 页）
- 韩式辣酱风味　水煮肉片 & 炸豆腐沙拉（第 49 页）

法式油醋汁

Recipe

橄榄油…150 毫升

白葡萄酒醋…50 ~ 70 毫升

盐…1 小勺

[做法] 将所有食材倒入玻璃瓶中混合均匀，盖紧盖子。

☆最佳搭配

- 巴黎少女沙拉（第 11 页）
- 罗勒乳酪番茄沙拉（第 19 页）
- 胡萝卜丝鹰嘴豆古斯米沙拉（第 33 页）
- 泰式土豆沙拉（第 39 页）
- 含羞草沙拉（第 51 页）
- 意式蒜香羊栖菜杂蔬沙拉（第 89 页）

罗勒酱

Recipe

罗勒…30 克

盐…1/2 小勺

橄榄油…150 毫升

大蒜（去芯）…2 瓣

[做法] 将罗勒叶洗净擦干，连同其他食材一起倒入料理机中搅打均匀，然后装入玻璃瓶中盖紧盖子。

☆最佳搭配

- 罗勒乳酪番茄沙拉（第 19 页）
- 章鱼罗勒意面沙拉（第 41 页）
- 章鱼罗勒土豆沙拉（第 41 页）

Memo

[法式油醋汁] 制作时可以根据个人口味加些蒜末、香草碎或芥末籽酱，也很美味。注意，如果加了芥末籽酱，应酌情减少白葡萄酒醋的用量。

[罗勒酱] 成品容易变色，如需长时间保存（约 1 年），最好冷冻。冷冻时可以将罗勒酱装入密封保鲜袋中摊平，划成小块，每块足够一次使用，使用时提前取出自然解冻即可。在罗勒酱中加些乳酪粉或松仁碎，便成了美味的意式青酱。

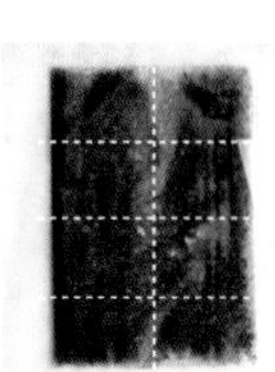

分成小块，使用真方便！

①一种在酸橘类果汁中加入醋的调味料。

Lunch Salad
午餐沙拉

工作了一上午，
马上就要到午餐时间了。
为了更好地恢复脑力和体力，
最好吃些以面食、米饭、红薯等为主要食材，
富含碳水化合物的沙拉。
如果沙拉中的碳水化合物不足，
可以根据喜好搭配些面包或饭团。

糙米金枪鱼玉米沙拉

以煮好的糙米为主要食材，吃起来颗粒分明。
如果没有糙米，可以用煮得较硬的白米饭代替。
加些黄瓜丁和玉米粒，口感更丰富。

Recipe

容量 480 毫升　可冷藏保存 3 天左右

糙米…60 克（煮好后约 100 克）
金枪鱼（罐头）…30 克
⇒也可用自制金枪鱼罐头（第 42 页）
玉米粒（罐头）…70 克
黄瓜…1/2 根（50 克）
芝麻菜…20 克

A
- 紫洋葱（切碎）…20 克
- 色拉油…2 大勺
  ⇒也可用芝麻油代替。
- 米醋…1 大勺
- 盐…1/4 小勺
- 黑胡椒…少许

1. 将洗好的糙米放入锅中，倒入足量的水，加 1 小勺盐和 1 小勺橄榄油（另计），开中火煮 20 ~ 25 分钟。盛出煮好的糙米，放入滤篮中，用冷水冲凉，沥干。
2. 把 A 倒入玻璃瓶中混合均匀，再放入煮好的糙米和金枪鱼拌匀。
3. 依次加入玉米粒和切成 1 厘米见方的黄瓜丁，然后将芝麻菜简单切碎，塞在最上面，盖紧盖子。

Memo

- 黄瓜丁、玉米粒可以用毛豆代替。沙拉中加些番茄也很美味，把金枪鱼换成小银鱼也是不错的选择。
- 用食材 A 制成的调味汁也可以替换成 3 大勺洋葱调味汁（第 24 页）。

棒棒鸡拌面沙拉

棒棒鸡拌面沙拉味道辛辣。把面条、樱桃番茄和辣椒油拌匀后放入瓶中，
不仅便于携带，而且面条不易粘连、变硬，食用时依然美味。
鸡胸肉用微波炉蒸熟，方便快捷，汁多肉嫩。

Recipe

容量 480 毫升　可冷藏保存 3 ~ 4 天

鸡胸肉…1/2 块（70 克）
酒…2 大勺
盐…少许
大葱（留用葱叶）…5 厘米长
大葱（留用葱白，切丝）…3 厘米长
黄瓜（切丝）…1/2 根（50 克）
中华面…1/2 袋（70 克）
樱桃番茄（切成 4 瓣）…3 个
辣椒油（或芝麻油）…1 大勺

【棒棒鸡调味酱】

A
- 白芝麻碎、酱油、米醋…各 1 大勺
- 蒜泥、姜泥…少许
- 豆瓣酱…1/4 小勺
- 砂糖…1/2 小勺
- 芝麻油…1 小勺

1 将 A 混合均匀，制成棒棒鸡调味酱。

2 用叉子在鸡胸肉上扎些小孔，撒上酒和盐静置 10 分钟。把鸡胸肉放在葱叶上，包好保鲜膜，放入微波炉中加热两分钟。取出晾凉后，撕成丝。将蒸出的肉汁倒入调味酱中，再加入鸡胸肉一起拌匀。

3 面条煮好后放入冷水中，片刻后捞出沥干，与樱桃番茄、辣椒油一起拌匀。

4 依次把鸡胸肉、黄瓜丝、面条及葱白放入玻璃瓶中，盖紧盖子。

Memo

- 如果想减少一些热量，可以少放一点鸡胸肉和面条，再在顶层加些生菜丝。

芝麻蛋黄酱拌牛蒡红薯沙拉

这道沙拉里有大量高纤维的根茎类蔬菜，十分健康。
新鲜的茼蒿会在口中留下清爽的香气。
只用牛蒡搭配微波炉蒸鸡肉（第 29 页）也很美味。

Recipe

容量 480 毫升　可冷藏保存 2～3 天

牛蒡…2/3 根（100 克）

A
- 米醋…2 小勺
- 砂糖…2 小勺
- 蛋黄酱…4 大勺
- 白芝麻碎…1 大勺
- 味噌…1/2 小勺

红薯…1/2 个（100 克）

茼蒿…30 克

1. 牛蒡洗净削皮后切成丝，放入加了少许醋的热水中煮 10 分钟左右，捞出沥干后晾凉。将 A 与晾凉的牛蒡丝一起倒入瓶中拌匀。
2. 红薯先带皮切成 1 厘米厚的片，再切成小块，放入锅中蒸到竹签可以轻松扎透（或包上保鲜膜放进微波炉加热 3 分钟左右）。
3. 依次将红薯块和简单切段的茼蒿放入玻璃瓶中，盖紧盖子。

Memo

- 蒸熟的红薯比用微波炉加热的更甜。

胡萝卜丝鹰嘴豆古斯米沙拉

这是一道法式经典沙拉，拌胡萝卜丝和鹰嘴豆两种配菜只加其一就很好吃，
我两种都加了，做好的沙拉带有浓浓的摩洛哥风味。
加了古斯米①的沙拉，更适合午餐时享用。

Recipe

容量 480 毫升　可冷藏保存 5 天左右

【拌胡萝卜丝】

胡萝卜…1/2 根（50 克）　盐…少许

A
- 橄榄油…1/2 大勺
- 白葡萄酒醋…1/2 小勺
- 葡萄干…1 小勺

鹰嘴豆（煮熟）…100 克

B
- 橄榄油…2 小勺
- 柠檬汁（或青柠檬汁）…1 小勺
- 蒜泥…少许
- 盐…1 小撮
- 孜然粉（或咖喱粉）…1/4 小勺

黄瓜…1/2 根（50 克）

古斯米…60 克　荷兰芹（切碎）…适量

橄榄油…1 小勺

1 先准备拌胡萝卜丝。将胡萝卜切成丝，撒些盐，揉搓几下静置片刻，沥干水分后加入 A 拌匀。

2 在 80 毫升的热水中撒少许盐，放入古斯米煮熟。

3 把 B 中的食材混合均匀，倒入玻璃瓶中，再依次放入鹰嘴豆和胡萝卜丝。

4 黄瓜切成 1 厘米见方的小块，放入瓶中。

5 把煮好的古斯米、荷兰芹碎和橄榄油拌匀，盛入瓶中，盖紧盖子。

Memo

- 沙拉中还可以加些混合香草增添风味。
- 为了节省时间，可以直接在超市中购买煮好的鹰嘴豆，但如果时间充足，最好自己制作，这样味道更好。

【如何煮鹰嘴豆】将鹰嘴豆用水浸泡一晚，加入少许盐、大蒜和橄榄油煮 20 ~ 30 分钟。煮好的鹰嘴豆可以与汤汁一起冷冻保存。

① cous-cous，北非等地的特产，用粗粒杜兰小麦粉做成，外形类似小米。煮熟后可以与各种肉类、蔬菜搭配。

柠檬奶油芥末渍鳕鱼沙拉

这道沙拉带有柠檬的清新气息，
加入柠檬汁和柠檬皮碎可以让奶油的色泽更漂亮，吃起来也很清爽，
这道沙拉冷食就很美味，如果用微波炉稍微加热一下，美味更是不可阻挡。

Recipe

容量 480 毫升　可冷藏保存 1 天

盐渍鳕鱼…1 块
白葡萄酒…1 大勺
芹菜叶…少许

A
- 淡奶油…2 大勺
- 芥末籽酱…2 小勺
- 橄榄油…1½ 小勺
- 柠檬汁…2 小勺
- 柠檬皮碎…少许
- 盐…1/4 小勺
- 芹菜（切碎）…1 大勺

西蓝花…1/5 个（80 克）
菜花…1/5 个（80 克）

1 将鳕鱼放入耐热容器中，淋上白葡萄酒，再铺一层芹菜叶，包上保鲜膜后放入微波炉中加热 2 分钟，取出后去皮去骨，把鱼肉拆散。
2 将 A 倒入玻璃瓶中混合均匀，再放入鱼肉拌匀。
3 在热水中撒少许盐，煮沸后放入切成小块的西蓝花与菜花煮 1 分钟左右（可根据口味调整时间）。煮好后控水放凉，放入瓶中，盖紧盖子。

Memo

- 西蓝花与菜花可以任选其一。

绿咖喱饭沙拉

米饭搭配大量蔬菜和各式香草，简单清爽，充满异国风情。
花生香脆，多层次的口感让人眼前一亮，
再加些薄荷叶或绿紫苏叶，口感更佳。

Recipe

容量 480 毫升 可冷藏保存 3 ~ 4 天

猪肉末…80 克
大蒜（切末）…1/2 瓣
花生仁（简单捣碎）…1 小勺
鱼露…1/2 小勺
绿咖喱酱…1 小勺
温热的米饭（米粒稍微硬一点）…120 克

A
- 鱼露…1 小勺
- 色拉油…1 小勺
  ⇒可用芝麻油代替。
- 酸橘汁（或青柠檬汁）…1 小勺
- 香葱、香菜梗、绿紫苏叶（切末）…共 1 大勺

紫洋葱（切碎）…1 大勺
生菜、香菜…适量

1. 平底锅预热后，将猪肉末、蒜末和花生碎一起放入锅中，中火翻炒。猪肉末变色后加入鱼露和绿咖喱酱，翻炒均匀，用厨房纸吸除多余油脂。
2. 把米饭和 A 翻拌均匀后晾凉。
3. 依次将炒好的肉末、拌好的米饭和紫洋葱碎装入玻璃瓶中，最上面放上生菜和香菜，盖紧盖子。

Memo

- 选用泰国香米做米饭，味道更加地道。
- 把米饭换成糙米金枪鱼玉米沙拉（第 27 页）中的水煮糙米同样美味。

泰式土豆沙拉

用泰式甜辣酱和蛋黄酱混合做成的调味酱，甜中带辣，同时融入了蛋黄酱的香醇。
将水煮蛋和虾仁贴着瓶子内壁摆放，沙拉看起来会更漂亮。

Recipe

容量 480 毫升 可冷藏保存 2 ~ 3 天

土豆…1 个（150 克）
大虾…3 只
水煮蛋…1 个
黄瓜…1/2 根（50 克）
芹菜…1/2 根（50 克）

A
- 泰式甜辣酱…2 大勺
- 蛋黄酱…4 大勺
- 鱼露…1 小勺
- 青柠檬汁（根据口味添加）…1 小勺

1 土豆用保鲜膜包好，放入微波炉中加热 3 分钟，用竹签可以轻松扎透即可。取出后去皮，再切成 1 厘米见方的小块。

2 大虾去除虾线、去壳去尾，放入加了 1 大勺酒的热水中煮 1 分钟。水煮蛋切片，芹菜与黄瓜切成 1 厘米见方的小丁。

3 将 A 倒入玻璃瓶中，放入土豆块拌匀。把虾仁和水煮蛋贴着瓶子内壁摆放，最后倒入黄瓜和芹菜丁，盖紧盖子。

Memo

- 如果不喜欢芹菜，可以只放黄瓜。

章鱼罗勒意面沙拉

短意面或猫耳意面都可以用来做这道沙拉，
如果有预先做好的罗勒酱（第 24 页），
只需再撒些乳酪粉和松仁碎就可以了。

章鱼罗勒土豆沙拉

这是一道充满意大利热那亚风情的沙拉，
加一些煮土豆和四季豆，
就成了一道美味的热沙拉。

Recipe

容量 480 毫升　可冷藏保存 2 ~ 3 天

章鱼罗勒意面沙拉

煮章鱼…80 克

芝麻菜…20 克

短意面…80 克

⇒我用的是猫耳朵意面。

【罗勒酱】※ 也可选用市售罗勒酱

A
- 罗勒…10 克
- 大蒜…1/2 瓣
- 松仁…1 小勺
- 盐…1/4 小勺
- 橄榄油…4 大勺
- 帕马森干酪碎（也可用乳酪粉代替）…2 小勺

柠檬（根据口味添加）…1/8 个

1 将 A 倒入料理机中搅打均匀，做成罗勒酱。

2 煮好意面，注意要比包装袋上的说明多煮 30 秒，放入冷水中冷却，然后捞出并沥干水分。

3 将 1 小勺罗勒酱盛入玻璃瓶中，放入切成小块的煮章鱼，拌匀。依次加入剩余的罗勒酱和意面，最上面放入简单切段的芝麻菜，根据口味挤些柠檬汁，盖紧盖子。

章鱼罗勒土豆沙拉

煮章鱼…80 克

土豆…约 1/2 个（80 克）

四季豆…30 克

橄榄油…1 小勺

罗勒酱（参考左侧食谱）

1 土豆用保鲜膜包好，放入微波炉中加热两分钟，取出后去皮，切成小块。

2 用盐水将四季豆煮熟（根据口味酌情调整时间），捞出沥干后切成 4 厘米长的小段。

3 煮章鱼切成小块，与罗勒酱一起放入玻璃瓶中拌匀。

4 依次加入土豆块和四季豆，画圈淋入橄榄油，盖紧盖子。

Memo

- 你可以尝试各种蔬菜搭配，比如在这两道沙拉中加些番茄，或者将煮章鱼换成虾仁或鱿鱼，味道都不错。
- 如果食材太少，用料理机搅打时会有些不方便，可以将罗勒大致切碎，再放进料理机中搅打。

Column 百搭好保存的油浸常备菜

做瓶子沙拉，油浸食材不可少。如果能提前做好、随用随取，就方便多了。
这些油浸食材的保存时间长达 14 天，可以作为家庭常备菜，
既可以用来做本书中的沙拉，又可以与其他食材搭配，自创个性沙拉。

Stock 1
油浸牡蛎

Recipe

容量 245 毫升
可冷藏保存 14 天左右

牡蛎…15 枚
大蒜（拍碎）…1 瓣
蚝油…2 小勺
白葡萄酒醋…2 大勺
色拉油…适量
⇒我用的是芝麻油。

1 牡蛎用盐水洗净，放入平底锅中小火煎熟。
2 牡蛎不再流出汁水、略微上色时，画圈淋入蚝油和白葡萄酒醋，加热片刻后关火。
3 将牡蛎和拍碎的大蒜放入玻璃瓶中，倒入没过牡蛎的色拉油，盖紧盖子。

Memo

• 油浸牡蛎可以用来做芝麻菜牡蛎柿子沙拉（第 84 页）。

Stock 2
自制金枪鱼罐头

Recipe

容量 245 毫升
可冷藏保存 14 天左右

金枪鱼（或鲣鱼）…1 块（200 克）
鱼露…1 小勺
盐…1 大勺
黑胡椒…适量
色拉油…适量
⇒我用的是芝麻油。

1 在鱼块表面抹一层盐和鱼露，静置 1 ~ 2 分钟。用厨房纸吸干多余水分，再抹一层盐和黑胡椒。
2 把鱼块放入深口锅中，倒入没过鱼块的色拉油，盖上一张厨房纸当作锅盖，小火加热 10 分钟左右，关火晾凉，再把鱼块和适量油装入瓶中，盖紧盖子。

Memo

• 自制金枪鱼罐头可以用来做尼斯沙拉（第 5 页）和糙米金枪鱼玉米沙拉（第 27 页）。

Dinner Salad

晚餐沙拉

接下来要介绍的沙拉，
适合与汤、面包或米饭等主食搭配。
只要冰箱里有这些沙拉，
根本不用发愁晚餐吃什么。
不管是忙碌时还是瘦身期，
这些健康营养的沙拉都是你的忠实伙伴。

梅子风味
扇贝芦笋沙拉

（做法参见第 48 页）

Open!

韩式辣酱风味
水煮肉片 & 炸豆腐沙拉

(做法参见第 49 页)

Open!

梅子风味　扇贝芦笋沙拉

为了搭配淡粉色的梅子油醋汁，沙拉中特意加了茗荷。
搭配些绿紫苏或香葱，味道也很不错。

Recipe

容量 480 毫升　可冷藏保存 2 天左右

扇贝…5 个
茗荷…1 个
细芦笋…6 根（或粗芦笋 4 根）
水菜…30 ~ 40 克

【梅子油醋汁】

A
- 梅肉…1/2 大勺
- 橄榄油…2½ 大勺
- 橙醋…1½ 小勺
- 米醋…1 小勺
- 砂糖…1/2 小勺

1. 扇贝用热水焯一遍，茗荷纵向切成薄片。芦笋切去根部，用削皮器削去下面 1/3 部分的外皮，放在盐水中快速煮一下，再切成 3 ~ 4 厘米长的小段。水菜简单切段。
2. 将 A 充分混合，做成梅子油醋汁，与扇贝和茗荷一起装入玻璃瓶中拌匀，再依次放入芦笋和水菜，盖紧盖子。

Memo

- 把扇贝换成虾仁或者薄猪肉片，水菜换成生菜，也很好吃。
- 梅干的甜咸度有差别，可根据自己的口味调整橙醋和砂糖的用量。
- 梅子油醋汁也可用 4 大勺梅子调味汁（第 24 页）代替。

韩式辣酱风味　水煮肉片 & 炸豆腐沙拉

甜辣味的调味汁搭配爽脆的莲藕、略苦的茼蒿，
就做成了一道口感丰富的沙拉。
我用的是大块的炸豆腐，不用像普通豆腐一样沥除水分，味道也更浓厚。

Recipe

容量 480 毫升　可冷藏保存 3 天左右

炸豆腐…60 克
薄猪肉片…60 克
莲藕…50 克
茼蒿…20 ～ 30 克
盐…1/4 小勺
酒…1 小勺
淀粉…1 小勺

【韩国辣酱调味汁】

A
- 韩国辣酱、酱油…各 1/2 小勺
- 味噌、米醋…各 1 小勺
- 芝麻油…1 大勺
- 砂糖…1/4 小勺
- 蒜泥…少许
- 炒白芝麻（可选）…少许

⇒不同品牌的韩国辣酱味道不同，请先试尝一下再酌情调整用量。

1. 将炸豆腐放在热水中焯 2 分钟，捞出后切成小块。
2. 猪肉片上撒些盐、酒和淀粉，抓匀后静置片刻，再用热水焯一下。
3. 莲藕切成半圆形薄片，放入加了少许醋的热水中快速焯一下。
4. 茼蒿简单切段。
5. 将 A 倒入玻璃瓶中混合均匀，依次放入炸豆腐、猪肉片、莲藕和茼蒿，盖紧盖子。

Memo

• 将猪肉片换成鸡肉、茼蒿换成生菜或水菜，都可以。只用调味汁拌炸豆腐，也是一道美味的小菜。

含羞草沙拉

水煮蛋的蛋黄看起来就像含羞草的黄色小花，因此得名“含羞草沙拉”。
在欧美文化中，鸡蛋和豆子象征着生命力，
把这些食材组合在一起，让人仿佛感受到了春天的气息。

Recipe

容量 480 毫升　可冷藏保存 3 天左右

水煮蛋…2 个
芦笋…3 根
各类豆子…150 克
⇒我用的是豌豆、四季豆和青豆（新鲜或冷冻豆子都可以）。

【香草油醋汁】

A
- 橄榄油…2½ 大勺
- 白葡萄酒醋…1 大勺
- 盐…1/4 小勺
- 薄荷叶（或细叶芹，切末）…1 小勺

1. 将水煮蛋的蛋黄与蛋白分开，分别切块。
2. 芦笋切去根部，削去下方 1/3 部分的外皮。
3. 将芦笋、豌豆、四季豆和青豆放入盐水中稍煮一下（根据口味酌情调整时间），捞出沥干后将芦笋切成 3 ~ 4 厘米长的小段，然后与各类豆子混合，加入 A 拌匀。
4. 依次将蛋黄、蛋白和拌好的蔬菜放入玻璃瓶中，盖紧盖子。

Memo

- 初夏时可以再加些蚕豆，非常好吃。
- 青豆搭配薄荷，是很多人都不知道的美味组合。
- 为了避免蛋黄与调味汁接触后变成糊，块要切得大一些。

山葵鲑鱼通心粉沙拉

通心粉中加入鲑鱼和鸭儿芹，融入了些许日式风味。
只需加一点儿山葵[①]，就有了一种成熟的味道。
把薄薄的黄瓜片贴在玻璃瓶内壁上，看上去更加可爱。

Recipe

容量 480 毫升　可冷藏保存 1 天

鲑鱼…1 块
盐、黑胡椒…少许
通心粉…80 克
黄瓜…1 根（100 克）
鸭儿芹…1 小把
A 蛋黄酱…2 大勺
　山葵（擦泥）…1/3 小勺
橙醋…1 大勺

1. 鲑鱼上撒些盐和黑胡椒，放入平底锅中煎熟，去皮去骨，将鱼肉拆散。煮好通心粉，注意要比包装袋上的说明多煮 30 秒，然后用冷水冲凉，沥干，加入橙醋拌匀。黄瓜切成薄片，撒少许盐轻轻抓揉，静置片刻挤干多余水分。
2. 将拆散的鱼肉、通心粉用 A 拌匀。
3. 先取一半的黄瓜片贴在玻璃瓶底部内壁上，倒入一半拌好的鲑鱼通心粉。重复这个步骤，将余下的黄瓜片和通心粉装入瓶中。
4. 鸭儿芹切段，放在最上层，盖紧盖子。

Memo

- 也可以用鱼子、扇贝、油浸金枪鱼代替鲑鱼。
- 鸭儿芹可以换成萝卜苗或其他蔬菜嫩叶。

①味道与芥末非常相似，辣味较轻，香气更浓。常用来搭配生鱼片或握寿司。

法式杂菜沙拉

小火慢煮炖出蔬菜的甜味，是做这道沙拉的关键。
最后加入些番茄干，丰富了沙拉的口感。
搭配意面，就成了一道意面沙拉，推荐大家尝试一下。

Recipe

容量 480 毫升　可冷藏保存 7 天左右

茄子…2 根（160 克）
西葫芦…1 根（100 克）
柿子椒…1 个（150 克）
⇒我用了红色与黄色柿子椒各半个。
番茄…1 个（200 克）
洋葱…约 1/2 个（70 克）
番茄干（切碎）…1 小勺
罗勒…2 ～ 3 片
盐…适量
大蒜…1 瓣
橄榄油…1½ 大勺

1 将所有蔬菜切成小块，把茄子块放在淡盐水中浸泡一下，捞出后控干。
2 锅中淋入橄榄油，放入蒜末煸炒出香味，加入洋葱翻炒，洋葱表面沾满橄榄油后依次加入西葫芦、柿子椒和茄子继续翻炒。
3 加入番茄和番茄干，盖上锅盖，小火慢煮。最后放入切碎的罗勒，加少许盐调味。晾凉后装入玻璃瓶中，盖紧盖子。

Memo

• 番茄干本身有一点咸味，可酌情减少盐的用量。

水煮牛肉沙拉

（做法参见第 58 页）

Open!

水煮牛肉沙拉

用削皮器把蔬菜削成薄片，
不但吃起来方便，看上去也更华丽、漂亮。
除了牛肉片，也可以选用猪肉片、鸡肉片或豆腐。

Recipe

容量 480 毫升　可冷藏保存 3 天左右

牛肉片（涮火锅用）…80 克
胡萝卜…1/4 根（30 克）
秋葵…4 根（30 克）
生菜…2 ~ 3 片（60 克）
绿紫苏叶…2 ~ 3 片
【芝麻调味汁】
白芝麻碎…1½ 大勺
味醂…2 大勺
酱油…1 大勺
酒…1 小勺
米醋…1 大勺
砂糖…少许
无糖豆浆…1 大勺
豆瓣酱或蒜泥（根据口味添加）…少许

1. 将牛肉片放入加了酒的热水中烫熟。胡萝卜用削皮器削成薄片。秋葵放入盐水中煮熟，切成约 2 厘米长的小段。
2. 生菜切成约 1 厘米宽的条，绿紫苏叶切成细丝，放入冰水中浸泡一下，捞出沥干（这样吃起来更脆嫩）。
3. 制作芝麻调味汁。先把酒和味醂混合均匀，倒入微波炉中加热 15 秒，让酒精挥发。取出后加入白芝麻碎、酱油、米醋、砂糖、豆瓣酱和无糖豆浆，充分搅匀。
4. 把做好的调味汁倒入玻璃瓶中，依次放入牛肉片、胡萝卜片、秋葵段、生菜条和绿紫苏丝，盖紧盖子。

Memo

- 用白萝卜和黄瓜搭配牛肉做这道沙拉，味道也很不错。

Otsumami Salad
下酒菜沙拉

在冰箱里存放一瓶沙拉，
可以随时享用，非常方便。
晚上想小酌一杯时，它就是一道很好的下酒菜。
好做，食材也很简单，真是名副其实的快手料理。
搭配主食也不错。

辣拌黄瓜沙拉

这是一道口感微辣的中式小菜，
黄瓜一定要先拍一下再切，这样更入味。
加入少许花椒，味道更有层次感。

Recipe

容量 245 毫升　可冷藏保存 4 ~ 5 天

黄瓜…2 根（200 克）

A
- 米醋…1/2 大勺
- 酱油…1 大勺
- 砂糖…1/2 大勺
- 芝麻油…1 小勺
- 豆瓣酱…1/2 小勺
- 蒜末…1 小勺
- 姜末…1 小勺
- 花椒…少许

1 用擀面棒或刀背将黄瓜拍裂，先切成 7 厘米长的段，再纵向切成 4 条。

2 把 A 混合均匀，与黄瓜条一起装入玻璃瓶中，盖紧盖子，上下摇几下，使调味汁充分渗入黄瓜条中。

柚子胡椒风味
萝卜丝拌扇贝沙拉

晒过的白萝卜丝不仅浓缩了白萝卜的甘甜味，
还能吸收扇贝的鲜香，让美味加倍。
萝卜丝不必费力现切，非常省时间。

Recipe

容量 245 毫升　可冷藏保存 4 ~ 5 天

干白萝卜丝…15 克
扇贝（罐头）…1/2 罐（20 克）
扇贝罐头汁…2 大勺
萝卜苗…1 小盒
柚子胡椒[①]…1/2 ~ 1 小勺
蛋黄酱…2 大勺

1. 将干白萝卜丝放入水中泡软，然后捞出沥干，切成小段。萝卜苗切去根部，再切成两段。
2. 把扇贝及罐头汁倒入玻璃瓶中，加入萝卜丝，1/2 的萝卜苗、柚子胡椒和蛋黄酱，充分拌匀。
3. 把剩余的萝卜苗放在最上层，盖紧盖子。

①把青柚皮、盐、青辣椒混合磨碎做成的酱料。

腌蘑菇沙拉

用酱油做基础调味，腌渍汁风味浓郁又健康清爽。
可以根据个人口味选择不同的蘑菇，
多选几种，沙拉的味道会更丰富。

Recipe

容量 245 毫升　可冷藏保存 7 天左右

杏鲍菇…1 盒（100 克）
白蘑菇…1 盒（100 克）
大蒜（拍碎）…1 瓣
红辣椒…1/2 个
橄榄油…2 大勺
盐…少许
酱油…1 小勺
葡萄酒醋…1 小勺
⇒我用的是红葡萄酒醋，如果没有，也可用白葡萄酒醋代替。
现磨黑胡椒…少许

1. 将杏鲍菇和白蘑菇切成大小适当的块。
2. 平底锅中倒入橄榄油，放入红辣椒和大蒜，炒出香味，加入蘑菇，中火翻炒。
3. 加入盐、酱油、葡萄酒醋，翻炒均匀后关火。撒上现磨黑胡椒拌匀，盛入玻璃瓶中，晾凉后盖紧盖子。

Memo

- 这道沙拉非常百搭，既可以配意面或蛋包饭，也可以放入各式肉类料理中。

凤尾鱼香芹芋头沙拉

清脆的莲藕搭配简单捣碎的芋头，
做出了这道口感十分特别的沙拉。

Recipe 容量 480 毫升 可冷藏保存 2 ~ 3 天

芋头…5 个（450 克）
莲藕…50 克

A
- 凤尾鱼…3 ~ 4 条
- 橄榄油…2 大勺
- 香芹（切末）…2 大勺
- 大蒜（切末）…1/2 瓣

盐、现磨黑胡椒…少许
辣椒粉（根据口味添加）…少许

1 芋头和莲藕削皮，芋头切成块，莲藕切成 1.5 厘米厚的半圆形片，然后蒸熟（根据喜好酌情调整时间）。
2 将蒸好的芋头和 A 装入玻璃瓶中稍稍捣碎一些，再加入莲藕，撒少许盐、现磨黑胡椒和辣椒粉调味，拌匀后盖紧盖子。

萨拉米土豆沙拉

续随子[①]、萨拉米香肠[②]和柠檬搭配，
就成了一道奇妙的美味。

Recipe 容量 480 毫升 可冷藏保存 2 ~ 3 天

土豆…3 个（450 克）
萨拉米香肠（切片）…10 片

A
- 续随子…2 大勺
- 大蒜（切末）…1 瓣
- 橄榄油…2 ~ 3 大勺
- 盐、现磨黑胡椒…少许
- 柠檬汁…1 大勺

莳萝（切碎）…少许

1 土豆用保鲜膜包好，放入微波炉中加热 4 ~ 5 分钟，用竹签可以轻松扎透即可。趁热剥皮并简单切块，放入玻璃瓶中。加入 A 和萨拉米香肠，简单捣碎拌匀。
2 撒上莳萝碎拌匀，盖紧盖子。

Memo
- 可以根据口味加些橄榄或香草，别有一番风味。

① caper，也叫刺山柑、酸豆，花蕾部分常以盐渍或醋浸保存，多用作调味料或制作酱料，常见于地中海美食中。
② Salame，一种加了丰富的香料和盐、经过发酵的风干香肠，口感粗犷。意大利萨拉米香肠由纯猪肉做成，其他地区则由猪肉和牛肉混合做成，在欧洲很受欢迎。

柠檬南瓜沙拉

用橄榄油煎南瓜的时候加点柠檬皮碎，
会给南瓜增添清新的风味，这是做这道沙拉的关键。
加些蜂蜜，更能突出南瓜的甘甜。

Recipe

容量 245 毫升　可冷藏保存 5 天左右

南瓜…约 1/8 个（去籽后 200 ～ 250 克）
柠檬皮…1/4 个柠檬
橄榄油…3 大勺

A
- 橄榄油…2 大勺
- 柠檬汁…1 大勺
- 柠檬皮碎…1/4 大勺
- 黄芥末酱…1/2 大勺
- 蜂蜜…1 小勺
- 磨碎的香菜籽（可选）…少许
- 盐…1/2 小勺

杏仁片[①]…适量

1 南瓜用保鲜膜包好，放入微波炉中加热两分钟，取出后切成 7 毫米厚的小块。
2 平底锅中加入橄榄油和柠檬皮，油温升高后捞出柠檬皮，放入南瓜块，煎至金黄色。
3 将混合好的 A 和煎好的南瓜块趁热倒入玻璃瓶中拌匀，晾凉后撒上烤好的杏仁片，盖紧盖子。

Memo

• 南瓜放入微波炉中加热一下，不仅方便切块，而且更容易煎熟。

①这里用到的杏仁片以扁桃仁为原料，俗称巴旦木。

什锦蔬菜沙拉

这是一道法国烩菜，口感略酸，有点儿像腌菜。
把各种蔬菜切成小丁，可以大大缩短烹煮时间。
做好后盛在口感浓郁柔和的牛油果里上桌，精致可爱。

Recipe

容量 245 毫升　可冷藏保存 2 周左右

白萝卜…80 克
黄瓜…1/2 根（50 克）
芹菜…约 1/3 根（30 克）
红色柿子椒…1/3 个（50 克）

A
- 盐…2/3 小勺
- 橄榄油…50 毫升
- 白葡萄酒醋…20 毫升
- 砂糖…1 小勺

牛油果…1 个

1. 将所有蔬菜切成 1 厘米见方的小丁。
2. 把 A 倒入锅中混合均匀，中火加热一下后关火，倒入所有蔬菜丁拌匀，加盖焖熟。盛入玻璃瓶中，晾凉后盖紧盖子。
3. 吃的时候可以将牛油果切成两半，去核后盛入适量什锦蔬菜丁享用。

Memo

- 可以根据个人口味任意搭配蔬菜，比如加些胡萝卜或樱桃萝卜。
- 做好的什锦蔬菜既可以直接吃，也可以搭配火腿片夹入三明治中。
- 只用一种蔬菜也可以按照这个方法料理。

Ball
DE MOUTH

樱花虾卷心菜沙拉

樱花虾的鲜味与卷心菜的清爽味道完美融合，很适合佐酒。
加入柠檬片，口味很特别，
刚入口时有一丝苦味，随后便满口清香了。

Recipe

容量 480 毫升　可冷藏保存 4 ~ 5 天

卷心菜…约 1/4 个（300 克）
干樱花虾…1 大勺
柠檬…1/8 个
A
- 盐…1/2 小勺
- 大蒜（切末）…1/2 瓣
- 芝麻油…1 大勺

炒白芝麻…1 小勺

1 卷心菜切去菜芯，切片后放入加了盐的热水中焯一下。
2 将 A 倒入玻璃瓶中混合均匀，再放入焯好的卷心菜拌匀。
3 把干樱花虾、切成 2 毫米厚的柠檬片和炒白芝麻一起装入玻璃瓶中拌匀，盖紧盖子。

Memo

- 干樱花虾也可以用盐渍海带代替。

梅子风味
沙丁鱼土豆沙拉

这道沙拉选用了梅肉、绿紫苏、香葱等充满日式风味的食材，口感丰富，
还隐隐散发着淡淡的酱油香味，
绝对是佐酒的佳肴。

Recipe

容量 480 毫升　可冷藏保存 2 ~ 3 天

土豆…2 个（300 克）
油浸沙丁鱼（罐头）…1/2 罐（40 克）
绿紫苏叶…10 片
橄榄油…1 大勺
酱油…1/2 小勺
现磨黑胡椒…少许
梅肉…2 小勺
香葱（切末）…1 大勺

1. 土豆用保鲜膜包好，放入微波炉中加热 4 ~ 5 分钟，用竹签可以轻松扎透即可。趁热剥皮，切成小块。
2. 把油浸沙丁鱼和绿紫苏叶切碎，连同土豆及其他食材一起放入玻璃瓶中，先将土豆块稍稍捣碎一些，再翻拌均匀，盖紧盖子。

Memo

- 可以根据喜好加些蛋黄酱，味道也不错。

意式盐麹蔬菜沙拉

蔬菜炸过之后水分减少，味道更加浓郁，
用白葡萄酒醋、罗勒和盐麹调味，唇齿留香。

Recipe

容量 480 毫升　可冷藏保存 4 天左右

茄子…约 2 根（160 克）
莲藕…50 克
西葫芦…约 1/2 根（80 克）
红色柿子椒…1/4 个（50 克）
A ┌ 盐麹…20 克
　└ 白葡萄酒醋…2 小勺
罗勒…2 ~ 3 片
色拉油（煎炸用）…适量

1. 把所有蔬菜切成小块。
2. 平底锅预热后倒入 1 厘米深的色拉油，放入切块的蔬菜炸熟。
3. 将 A 混合均匀后与蔬菜一起倒入玻璃瓶中，撒上切碎的罗勒拌匀，盖紧盖子。

Memo

- 将白葡萄酒醋换成米醋、罗勒换成绿紫苏叶，就变成了一道日式沙拉。
- 用南瓜或秋葵做这道沙拉，也很美味。

Column 用玻璃瓶留住最新鲜的美味

用玻璃瓶保存叶类蔬菜

用玻璃瓶保存蔬菜，保鲜效果惊人。特别是保存叶类蔬菜和香草，5 天以内都很新鲜脆嫩。叶类蔬菜容易腐烂，要先洗净沥干，再放入瓶中保存。

把蔬菜切成条放在玻璃瓶里

切成条的蔬菜也能放在玻璃瓶中保存，虽然不如叶类蔬菜保鲜时间久，但 1 ～ 2 天没问题。参加百乐餐派对[①]时带上一瓶，一定会大受欢迎。搭配意式蘸酱，瞬间变成一道风味料理。

Memo

- 如果没有研磨碗，可以酌情按比例增加食材分量，然后用料理机搅打均匀。

Stock 3

意式蘸酱

Recipe

白萝卜、黄瓜、胡萝卜…适量

【意式蘸酱】

大蒜…2 瓣

牛奶…100 毫升

油浸凤尾鱼…4 ～ 6 条

（注意含盐量）

淡奶油（可选）…2 大勺

橄榄油…100 毫升

⇒如果不加淡奶油，橄榄油的用量需增加 30 毫升。

盐、黑胡椒…适量

1. 将大蒜和牛奶倒入小锅中，开小火煮至大蒜变软。如果煮的过程中牛奶变少，可以适当补充一些。
2. 把煮好的大蒜牛奶和凤尾鱼一起放入研磨碗中磨碎，其间缓缓倒入淡奶油和橄榄油，研磨均匀。用盐和黑胡椒简单调味后，倒入玻璃瓶中。
3. 把各式蔬菜切成和玻璃瓶差不多高的条，竖直装入瓶中，盖紧盖子。

① Potluck Party，一种受欢迎的聚餐形式，客人需自带一款亲手烹制的食物与大家分享，这样既可以丰富餐桌，增强客人的参与感，还能帮助主人减轻准备聚会的负担。

Paty Salad

派对沙拉

玻璃瓶沙拉常常出现在百乐餐派对上，
漂亮时尚，还有点儿奢华的感觉。
下面要介绍的沙拉造型华丽，
兼顾美味、造型与摆盘，
能轻松点燃派对气氛，让大家眼前一亮。

烟熏三文鱼牛油果葡萄柚沙拉

牛油果与三文鱼是一对经典搭配。
为了防止牛油果氧化变色，要把葡萄柚放在牛油果上层，并加入白葡萄酒醋。
莳萝与细叶芹为这道沙拉带来了富于个性的风味。

Recipe

容量 940 毫升　可冷藏保存 1 天

烟熏三文鱼（厚片）…160 克
葡萄柚（红、白）…各 1 块
牛油果…2 个
细叶芹与莳萝…共 20 克

A
- 橄榄油…4 大勺
- 白葡萄酒醋…1½ 大勺
- 盐…1/2 小勺
- 粉红胡椒…10 粒

1. 把烟熏三文鱼切成 1.5 厘米见方的小块。葡萄柚剥皮，取出果肉，掰成小块。
2. 牛油果去皮去核后切成小块，加入 A 拌匀。
3. 依次把三文鱼、拌好的牛油果、葡萄柚、简单切碎的细叶芹与莳萝放入玻璃瓶中，盖紧盖子。

Memo

• 如果想倒在盘中享用，需先取出最上层的香草，倒出沙拉后再把香草放在上面做点缀。

芝麻菜牡蛎柿子沙拉

（做法参见第 84 页）

Open!

海鲜粉丝沙拉

（做法参见第 85 页）

Open!

芝麻菜牡蛎柿子沙拉

牡蛎鲜嫩，柿子绵软甘甜，
再配上微微有点儿苦的芝麻菜，味道很有层次感。
这是一道带有几分成熟感的沙拉。

Recipe

容量 480 毫升　可冷藏保存 4 ~ 5 天

牡蛎…5 ~ 6 只
柿子…1 个（250 克）
芝麻菜…30 ~ 40 克
蚝油…1 小勺
黑醋①…1 小勺

A
- 芝麻油…2 大勺
- 大蒜（切末）…1/2 瓣

B
- 葡萄酒醋…2 小勺
- 盐、现磨黑胡椒…少许

1. 牡蛎用盐水洗净，放在平底锅中小火煎熟。牡蛎表面不再有汁水渗出、略微上色时，淋入蚝油和黑醋，拌匀，关火晾凉。
2. 把晾凉的牡蛎和 A 装入玻璃瓶中。
3. 柿子去皮，切成小块，加入 B 拌匀后放入玻璃瓶中。芝麻菜简单切段，放在最上层，盖紧盖子。

Memo

- 我们可以直接用油浸牡蛎（第 42 页）及浸泡牡蛎的色拉油做这道沙拉，如果色拉油不够，可以补充两大勺芝麻油。

① balsamic vinegar，产于意大利的摩德纳，以葡萄汁为原料酿制而成，味道独特，具有温润醇厚的甜酸口味。

海鲜粉丝沙拉

海鲜多多，还有肉末，这道充满异国风情的沙拉饱足感满满！
在甜辣酱里加点儿酸橘汁，味道更清爽。
淋入芝麻油可以避免粉丝粘黏，保证口感的同时，还增添了风味。

Recipe

容量 940 毫升　可冷藏保存 2 天左右

大虾…8 ~ 10 只
鱿鱼…80 克
猪肉末…70 克
粉丝…50 克
紫洋葱…1/4 个（40 克）
黄瓜…1/2 根（50 克）
生菜…30 ~ 40 克
香菜（或薄荷叶、芹菜叶等喜爱的香草）…适量
芝麻油…1/2 大勺
盐…少许

A
- 鱼露…3 大勺
- 酸橘汁（或柠檬汁）…1 大勺
- 泰式甜辣酱…2 大勺
- 蒜泥…少许
- 香菜（切末）…1 大勺

1 把粉丝放入足量的水中泡软后，用热水煮一下，捞出沥干。紫洋葱切片，放在水中浸泡一下。
2 大虾挑去虾线，去壳去尾。鱿鱼切成 1 厘米宽的圈。沸水中加一大勺酒和少许盐，将虾、鱿鱼、猪肉末盛在笊篱中用水汆熟后捞出。
3 将 A 倒入玻璃瓶中混合均匀，依次加入虾、鱿鱼和猪肉末拌匀，再放入切成细丝的黄瓜。
4 捞出洋葱片，沥干水分，切成丝。在粉丝中加入芝麻油和盐拌匀，与洋葱丝一起放入瓶中。
5 将生菜、香菜切碎，放在最上层，盖紧盖子。

咖喱鸡胗拌古斯米毛豆沙拉

炒鸡胗本身就是不错的家庭常备菜，
再加入各种香辛料，鸡胗的味道变得不再单一，更好吃。
圆滚滚的毛豆搭配松软的古斯米，整道沙拉非常入味！

Recipe

容量 480 毫升　可冷藏保存 4～5 天

古斯米…60 克
鸡胗…100 克
紫洋葱…1/4 个（40 克）
毛豆…50 克（净重）

A
- 柠檬汁…1 大勺
- 橄榄油…1 大勺
- 香菜（切末）…2 根

B
- 盐…1/3 小勺
- 大蒜（切末）…1 瓣
- 生姜（切末）…1 小块
- 咖喱粉…1/2 小勺
- 新鲜迷迭香叶…1/2 小勺

面粉…适量

C
- 橄榄油…1 小勺
- 葡萄酒醋（红葡萄酒醋或白葡萄酒醋均可）…1/2 小勺
- 盐…少许

1 将古斯米放入 80 毫升热水中，加少许盐煮熟，然后倒入 A 拌匀。

2 将 B 混合均匀。鸡胗均匀蘸裹上 B 后再裹一层面粉。锅中淋入 1 大勺橄榄油，放入鸡胗炒熟。

3 紫洋葱切成薄片，放在水中浸泡片刻，捞出沥干。毛豆用盐水煮熟（根据口味酌情调整时间）。

4 将紫洋葱片与 C 一起装入玻璃瓶中拌匀，再依次放入古斯米、毛豆和鸡胗，盖紧盖子。

Memo

- 为了使沙拉色泽更漂亮，我选用了紫洋葱，其实用普通的洋葱也可以。

意式蒜香羊栖菜蓝纹乳酪沙拉

用羊栖菜搭配清甜的水果干，
再与蓝纹乳酪组合在一起，出人意料的和谐。
这道沙拉推荐与红酒一起享用，
加几粒葡萄干也很美味。

意式蒜香羊栖菜杂蔬沙拉

用羊栖菜搭配西式调味料，
拌上爽口的玉米笋、清脆的樱桃萝卜，
就做出了这道别具一格的沙拉。

Recipe

内容量 480 毫升　可冷藏保存 7 天左右

意式蒜香羊栖菜蓝纹乳酪沙拉

【蒜香羊栖菜】

干羊栖菜…10 克

盐…1 小撮

A
- 红辣椒…1/4 根
- 大蒜（切末）…1/2 瓣
- 凤尾鱼（切碎）…1 条

无花果干（切成小块）…5 ~ 6 颗

蓝纹乳酪…25 克

紫洋葱…1/4 个（40 克）

B
- 橄榄油…1 小勺
- 白葡萄酒醋…1/2 小勺
- 盐…少许

芝麻菜…20 ~ 30 克

1 先做蒜香羊栖菜。将干羊栖菜放入水中泡软，捞出沥干。平底锅中放入 A，开中火炒出香味，再倒入羊栖菜翻炒，撒少许盐调味。

2 把蒜香羊栖菜和无花果干一起装入玻璃瓶中拌匀。

3 蓝纹乳酪切成 5 毫米见方的小块，放入瓶中。将 B 充分混合后加入切成薄片的紫洋葱中拌匀，倒入瓶中。芝麻菜简单切碎，放在最上层，盖紧盖子。

意式蒜香羊栖菜杂蔬沙拉

蒜香羊栖菜（参考左侧食谱）

樱桃萝卜…4 颗

玉米笋…5 根

西洋菜…40 ~ 60 克

【油醋汁】

A
- 橄榄油…2 大勺
- 白葡萄酒醋…2 小勺
- 盐…少许

1 参考左侧食谱做蒜香羊栖菜。

2 将玉米笋煮熟（根据口味酌情调整时间），切成 1 厘米长的小段。樱桃萝卜切成 6 瓣。

3 把 A 倒入玻璃瓶中混合均匀，制成油醋汁。加入蒜香羊栖菜拌匀，再依次放入玉米笋和樱桃萝卜，西洋菜简单切碎放在顶层，盖紧盖子。

番茄酱渍鹌鹑蛋沙拉

我曾在一家意大利餐厅吃过一道非常美味的甜味番茄酱渍鹌鹑蛋，
于是参考它做了这道沙拉。
我加了一些辣椒粉，大家可以根据个人口味酌情添加。

Recipe

容量 245 毫升　可冷藏保存 4 ~ 5 天

鹌鹑蛋…10 个
黑橄榄…3 粒
绿橄榄…3 粒

A
- 番茄酱…1/2 杯
- 西式酸黄瓜（切碎）…2 小勺
- 续随子（切碎）…2 小勺
- 辣椒粉…少许
- 橄榄油…1 大勺

1 鹌鹑蛋放入热水中煮 4 分钟，捞出后浸入冷水中冷却一下再剥皮。

2 把 A 倒入玻璃瓶中，再放入剥好的鹌鹑蛋和橄榄，盖紧盖子。

Memo

- 可以选择常用的辣椒粉，也可以选用墨西哥辣酱。

枫糖渍莓果沙拉

只需把草莓、树莓、枫糖浆和黑醋混合在一起，
就做出了这道时尚又可爱的甜品。
再加点儿马斯卡彭乳酪和现磨黑胡椒，这道小甜品立刻就会提升一个层级。

Recipe

容量 245 毫升　可冷藏保存 3 天左右

草莓和树莓…共 200 克
枫糖浆…3 大勺
黑醋…1 大勺

1 草莓去蒂，与树莓一起装入玻璃瓶中，淋上枫糖浆与黑醋，盖紧盖子。注意要瓶口朝下倒置保存（图a），不时拿起瓶子上下摇几下。

Memo

• 只用草莓也可以。瓶口朝下保存可使最先吃到的莓果更入味。

图书在版编目（C I P）数据

今天也带一瓶沙拉 /（日）若山曜子著 ；小司译
. -- 海口 ：南海出版公司，2017.8
ISBN 978-7-5442-8852-1

Ⅰ. ①今… Ⅱ. ①若… ②小… Ⅲ. ①沙拉－菜谱
Ⅳ. ①TS972.118

中国版本图书馆CIP数据核字(2017)第080617号

著作权合同登记号　图字：30-2017-043

今天也带一瓶沙拉
〔日〕若山曜子 著
小司 译

出　　版　南海出版公司　(0898)66568511
　　　　　海口市海秀中路51号星华大厦五楼　邮编 570206
发　　行　新经典发行有限公司
　　　　　电话(010)68423599　邮箱 editor@readinglife.com
经　　销　新华书店

责任编辑　秦　薇
特邀编辑　牟　璐
装帧设计　李照祥
内文制作　博远文化

印　　刷　北京彩和坊印刷有限公司
开　　本　787毫米×1092毫米　1/16
印　　张　6
字　　数　60千
版　　次　2017年8月第1版
　　　　　2017年8月第1次印刷
书　　号　ISBN 978-7-5442-8852-1
定　　价　39.80元